BEI GRIN MACHT SICH IHR WISSEN BEZAHLT

- Wir veröffentlichen Ihre Hausarbeit, Bachelor- und Masterarbeit

- Ihr eigenes eBook und Buch - weltweit in allen wichtigen Shops

- Verdienen Sie an jedem Verkauf

Jetzt bei www.GRIN.com hochladen und kostenlos publizieren

Michael Dienst

Transactions in Bionic Patents - Haarförmiger Sensor für bewegte Fluide zum Betrieb mit RFID-Technik

GRIN Verlag

Bibliografische Information der Deutschen Nationalbibliothek:

Die Deutsche Bibliothek verzeichnet diese Publikation in der Deutschen National-
bibliografie; detaillierte bibliografische Daten sind im Internet über http://dnb.d-
nb.de/ abrufbar.

Impressum:

Copyright © 2012 GRIN Verlag GmbH
Druck und Bindung: Books on Demand GmbH, Norderstedt Germany
ISBN: 978-3-656-32687-8

Dieses Buch bei GRIN:

http://www.grin.com/de/e-book/204927/transactions-in-bionic-patents-haarfoermi-
ger-sensor-fuer-bewegte-fluide

Transactions in Bionic Patents

Traktat über die Beiträge zu den "Transactions in Bionic Patents"

Die "Transactions in Bionic Patents" bilden eine Sammlung von Schriften zu Patent- und Gebrauchsmusteranmeldungen im Themenfeld Biologie & Technik die in loser Reihenfolge und Terminus erscheint.

Gegenstand der Beiträge zu den Schriften der "Transactions in Bionic Patents" sind Gestaltungsfragen und die kritische Auseinandersetzung mit aktuellen Themen der Bionik, also Technik nach Vorbildern aus der belebten und unbelebten Natur und ihre patentrelevante Umsetzung.

Mit den "Transactions in Bionic Patents" soll der Fortschritt auf dem Gebiet der angewandten Bionik dadurch gefördert werden, dass die dargestellten Patente und Gebrauchsmuster frei von Rechten Dritter und mit ausdrücklicher Genehmigung der Patentanmelder und Inhaber dem Leser dieser Schriften zur Nutzung verfügbar werden.

Gleichzeitig wird ein tieferes Verständnis der Bionik innerhalb des Fachs und der Öffentlichkeit her- und ein rezentes Problemfeld wirklichkeitsnah und verständlich dargestellt. Als Übergeordneter Aspekt gilt es, Lösungswege der Übertragung biologischer Phänomene zu untersuchen, auszuleuchten und Fragestellungen die im Zusammenhang stehen mit Natur und Technik nachzugehen sowie Forschung und Ausentwicklung zum Thema anzustoßen

Die Beiträge zur Schriftensammlung "Transactions in Bionic Patents" sind in deutscher Sprache verfasst. Dem Text kann eine teilweise oder vollständige Übersetzung in englischer Sprache beigestellt werden; Art, Umfang, Anordnung und Organisation der Textteile sind dem Autor überlassen und frei. Die englische Fassung soll den Umfang der deutschen Fassung nicht überschreiten.

In einer Ausgabe der Schriftensammlung "Transactions in Bionic Patents" soll nur ein Werk platziert werden. Der Text kann durch Abbildungen ergänzt werden; die Bildrechte und andere Urheberrechte sind dabei zu achten.

Die jeweiligen Gebrauchsmuster- oder Patentschriften sind dem Anhang beigefügt.

M. Dienst, Berlin.

University of Applied Sciences Berlin, Germany

BIONIC RESEARCH UNIT

Technische Beschreibung

IPC G01P (2006.01) Gebrauchsmuster Nr. 20 2009 008 655.0

Titel:

Haarförmiger Sensor für bewegte Fluide zum Betrieb mit RFID- Technik

Die Erfindung betrifft einen Sensor, der Informationen über Strömungszustände in analoge elektrische Signale umformen und per Radiowellen an eine Basisstation senden kann. Dabei bewirkt eine fluidische Beaufschlagung die Auslenkung einer haarförmigen Faser, die an ihrer Basis mit einer flexiblen Membran verbunden ist. Die Verformung der Membran ist mit handelsüblichen Dehnungsmessstreifen informationstechnisch auswertbar. Das analoge Messsignal ist mit RFID-Technik informationstechnisch portierbar. Mehrere Sensoren sind zu einer Schar formierbar.

Stand der Wissenschaft und Technik

Biologie. Meeressäuger besitzen so genannte Vibrissen (Sinneshaare), mit denen sie Strömungsphänomene wahrnehmen können um beispielsweise die Wirbelspur von Beutetieren zu verfolgen. Aufgrund der fluidischen Beaufschlagung wirken Kräfte auf das Sinneshaar. Diese werden (mechanisch) über den Schaft des Haares zu den sensiblen Nervenzellen der Haut des Wesens übertragen. Die Reizinformation wird dort weiterverarbeitet.

Bionik. Biologische Sinneshaare sind von naturwissenschaftlichem Interesse; sie können darüber hinaus Ingenieurwissenschaftlern als Motiv dienen, künstliche Strömungssensoren nach dem Vorbild der Vibrissen zu entwickeln.

Sensorik. In der Strömungsmesstechnik sind u. A. mechanische und thermische Sensorelemente gebräuchlich, deren elektrischer

Widerstand mittelbar vom Strömungsfeld abhängt. Durch Messung und Auswertung der elektrischen Größen kann so beispielsweise auf die Strömungsgeschwindigkeit geschlossen werden.

DMS. Dehnungsmessstreifen (DMS) ändern bei kleinen Verformungen (durch Zugbeaufschlagung) ihren elektrischen Widerstand. Sie werden daher als Dehnungssensoren eingesetzt. Zur Analyse komplexer Belastungszustände am Bauteil werden mehrere DMS verschaltet. Die Wheatstone'sche Brückenschaltung ist die bevorzugte Schaltung zur Messung von Widerstands-änderungen bei DMS.

RFID-Technik. Radio Frequency Identification (RFID) ermöglicht es, Gegenstände, die mit einem RFID-Transponder (elektronischer Datenspeicher) ausgestattet sind, kontaktlos und eindeutig zu identifizieren. Ein Chip der als Datenspeicher dient, kommuniziert hierzu über Funk mit einer Basiseinheit. RFID-Systeme bestehen aus einem oder mehreren Transpondern und mindestens einem Erfassungsgerät. Im Empfangsbereich des Lesegerätes wird durch den Transponder eine wechselseitige Kommunikation ausgelöst. Beide Geräte verfügen über Kopplungselemente (Antennen). Der Energie- und der Datenaustausch erfolgt durch magnetische oder elektromagnetische Wellen. Das Funktionsprinzip der analog arbeitenden RFID-Chips sind R-L-C-Schwingkreise, die prinzipiell einer Manipulation (beispielsweise durch Änderung des ohmschen Widerstands R des Schwingkreises) zugänglich sind. Zusandsänderungen der inneren Schaltungsbauteile des RFID-Chips können (prinzipiell) Gegenstand einer für RFID- Systeme üblichen Kommunikation zwischen Sender und Empfängern sein.

Rennyachten. Der Betrieb von Fadensonden (qualitative Analyse durch Beobachter) am Rigg sind Stand der Technik.

Problembeschreibung

Für Seefahrzeuge in Fahrt, in besonderem Maße bei Regattayachten und Rennjollen sind Informationen über Strömungszustände in der direkten Nähe des das Unterwasserschiff umgebenden Mediums und in der das Rigg umströmenden Luft wichtiger Bestandteil taktischer Entscheidungen im Training und während einer Wettfahrt.

Informationen über Strömungszustände werden nach dem Stand der Technik aus der Analyse von Messsignalen aus an den Strömungskörper angebrachten Sensoren gewonnen. Sensoren, die nicht mit Kabeln mit einer Empfangs- und Auswerteeinheit verbunden sind, bedürfen einer Sendeanlage. Derart autonome Sensoren besitzen in der Regel bauartbedingt eine eigene (dezentrale) Stromversorgung mit einem entsprechendem Bauvolumen. Jedes zum Sensor zusätzliche Bauvolumen der Messanlage nimmt jedoch Einfluss auf die Strömung selbst, was in der Strömungsesstechnik als Nachteil zu bewerten ist. Dies ist insbesondere dann der Fall, wenn eine größere Zahl von Sensoren zur Strömungsanalyse vorgesehen sind.

Problemlösung

Der haarförmiger Sensor für bewegte Fluide zum Betrieb mit RFID- Technik nach Anspruch 1 löst das Problem der dezentralen Stromversorgung dadurch, dass das System seitens der Datenübertragung und Energieversorgung auf RFID- Technik vom Stand der Technik aufsetzt.

Der haarförmiger Sensor hat ein sehr geringes Bauvolumen. Er setzt eine mechanische Beaufschlagung in eine Änderung des ohmschen Widerstands mehrer DMS-Messstreifen nach Stand der Technik um. Da die RFID- Technik mit geringsten Energiemengen arbeitet, darf die Änderung des ohmschen Widerstands gering sein. Der strukturelle Aufwand des Sensors ist somit minimal.

University of Applied Sciences Berlin, Germany

BIONIC RESEARCH UNIT

Da der RFID- Chip nach Stand der Technik prinzipiell offen ist gegenüber Manipulationen durch Änderung des ohmschen Widerstands R des Schwingkreises, wird das elektrische Signal (ursächlich aus der Strömungsbeaufschlagung der haarförmiger Sensor für bewegte Fluide nach Anspruch 1) Einflussgröße des Betriebszustands des RFID- Systems und ist dem (oben beschriebenen) RFID- Kommunikationsprozess zugänglich.

Die Verarbeitung einer größeren Zahl von Einzelinformationen aus einer Schar von gleichzeitig agierenden RFID- Sendern gilt nach dem Stand der Technik als gelöst.

Das Bauprinzip des haarförmigen Sensors für bewegte Fluide zum Betrieb mit RFID- Technik nach Anspruch 1 kann als Konstruktionslösung für unterschiedlich skalierte bauliche Ausführungen dienen.

Erreichbare Vorteile

Der haarförmiger Sensor für bewegte Fluide zum Betrieb mit RFID- Technik nach Anspruch 1 besteht aus wenigen, sehr preisgünstigen Komponenten. Die Kombination mit RFID- Technik macht diesen Strömungssensor primitivster Bauart erst möglich.

Es ist (systembedingt) keine Digitalisierung des Messsignals notwendig.

Ein Sensorsystem (bestehend aus haarförmiger Sensor und RFID- Chip) ist autonom.

Die Sensorsysteme sind im Rahmen der Sendereichweite der RFID- Anlage beliebig auf der Oberfläche von Strömungskörpern platzierbar.

Mehrere Sensorsysteme sind zu Scharen formierbar.

Die Komplexität des Gesamtsystems kann in die Software verlagert werden.

Aufbau und Wirkungsweise

Der haarförmiger Sensor für bewegte Fluide bildet mit einem RFID- Chip nach Stand der Technik eine organisatorische Einheit. Der bauliche Zusammenhang von Sensor und Chip ist von der Art der verwendeten RFID- Technik nach Stand der Technik abhängig.

In Figur 2 ist schematisch der haarförmige Sensor dargestellt; Figur 1 zeigt einen vergrößerten Ausschnitt (der Basis) des haarförmige Sensors in einer schematischen Darstellung. Der ringförmige Träger R und die membranförmige Biegeplatte F bilden eine stoffschlüssige Einheit. Das Sensorhaar H und der rotationssymmetrische Biegehebel W sind durch Klebung stoffschlüssig gefügt. Biegehebel W und Biegeplatte F sind formschlüssig gefügt (und können in der Serienherstellung auch als Einheit gefertigt werden). Die membranförmige Biegeplatte F trägt die Dehnungsmessstreifen DMS; diese werden üblicherweise durch Klebung aufgebracht. Träger R ist über die Klebung K mit dem RFID- Chip (schraffiert in Figur 1) verbunden. Eine hochelastische Haube S aus handelsüblichem Silikon schützt das Sensorsystem gegenüber dem Fluid. Figur 3 zeigt in einer Draufsicht schematisch eine Anordnung von Sensor und RFID- System in einer organisatorischen Einheit.

Wirkungsweise. Eine fluidische Beaufschlagung bewirkt eine Auslenkung des Biegehebels W, der seinerseits die membranförmige Biegeplatte F verformt (schematisch dargestellt in Figur 4). Die Kontakte der Dehnungsmessstreifen sind in geeigneter Weise mit dem RFID- System nach Stand der Technik derart verknüpft, dass eine Verformung der membranförmigen Biegeplatte und eine einhergehende Änderung der ohmschen Widerstände zu einer Verstimmung des Schwingkreises des RFID- Chips führt und ein über Funk portierbares Messsignal für eine Weiterverarbeitung zur Verfügung steht.

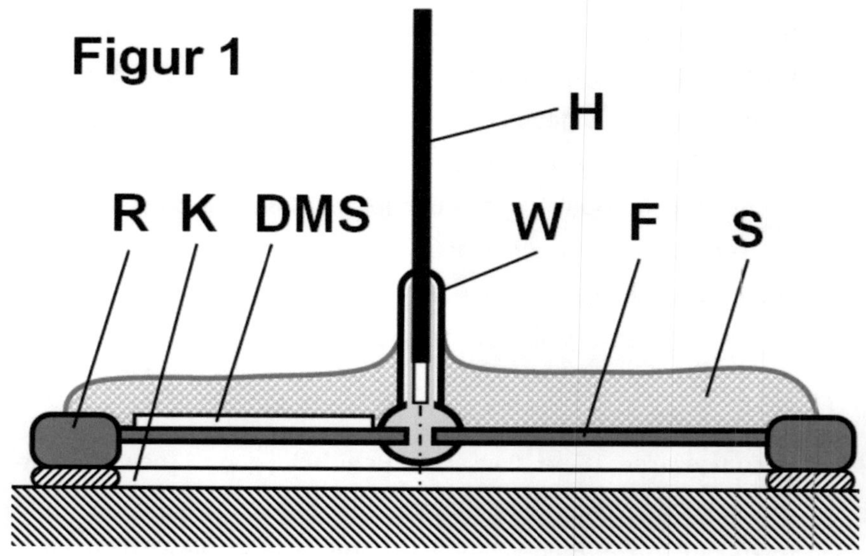

Figur 1
H
R K DMS
W F S

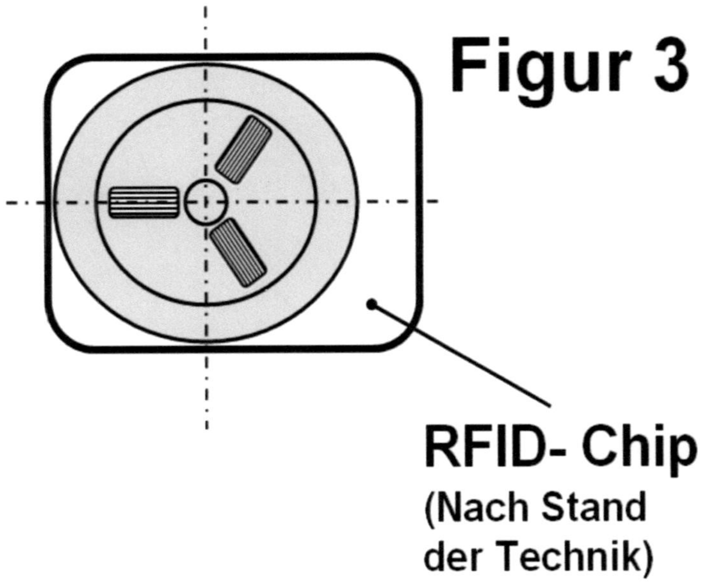
Figur 3
RFID- Chip
(Nach Stand
der Technik)

Figur 2

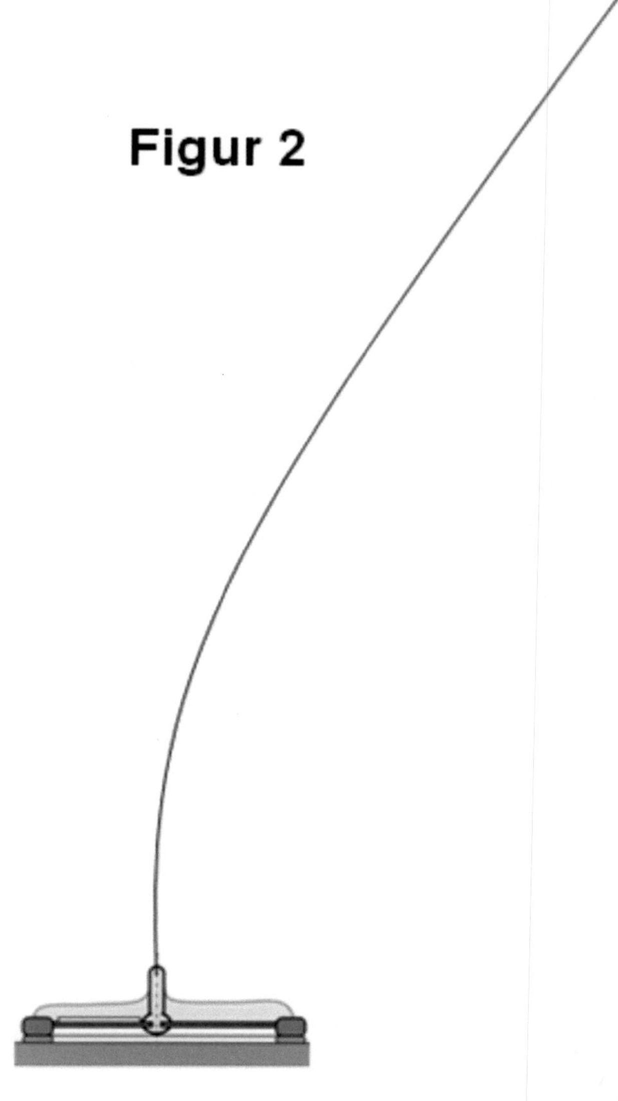

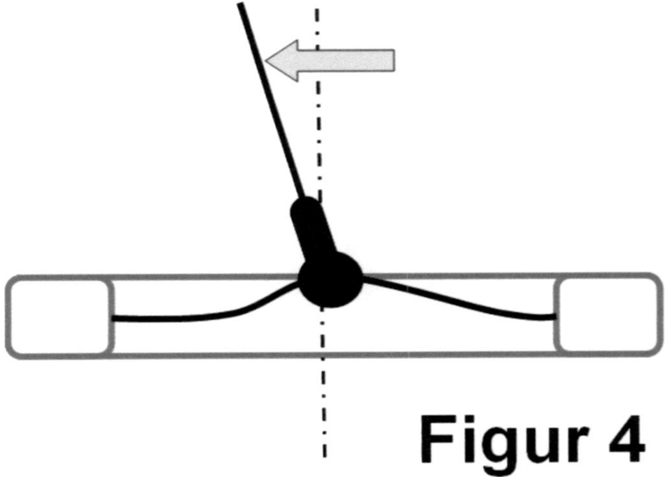

Figur 4

Schutzansprüche

1. Haarförmiger Sensor für bewegte Fluide zum Betrieb mit RFID-Technik dadurch gekennzeichnet, dass

    ein ringförmiger Träger R, die membranförmige Biegeplatte F, das Sensorhaar H, der rotationssymmetrische Biegehebel W, die Dehnungsmessstreifen DMS und die elastische Haube S eine konstruktive Einheit darstellen.

2. Haarförmiger Sensor für bewegte Fluide nach Anspruch 1 dadurch gekennzeichnet, dass

    in organisatorischer Kombination mit RFID-Technik und Übertragung eines analogen Messsignals ein autonomes Strömungs-Sensorsystem entsteht.